DES VRAIES CAUSES

DE LA

MISÈRE AGRICOLE,

PAR

M. PAUL BONNET,

Avocat, Notaire à Nègrepelisse,

Auteur d'un *Traité sur la vénalité des offices*, d'un *Traité sur la minorité* et d'un *Traité sur la nécessité d'une réforme des lois sur l'Enregistrement au point de vue de l'intérêt de la propriété foncière et de celui du Trésor*.

La misère agricole ne disparaîtra que par l'égalité des citoyens devant les impôts.

MONTAUBAN,

IMPRIMERIE FORESTIÉ NEVEU, RUE DU VIEUX-PALAIS, 23.

1866.

A Messieurs les Membres composant la Commission supérieure de l'enquête agricole.

MESSIEURS,

C'est à vous que je dédie ce *Traité*, qui intéresse plus de 20 millions de citoyens.

La pensée publique est tournée vers la grande enquête que vous avez mission de diriger.

Vous allez vous trouver en présence de beaucoup de personnes qui, au lieu de l'examen et d'une étude approfondie sur cette matière, opposeront des opinions toutes faites d'avance, n'admettant pour vrai que ce qu'elles consacreront; d'autres vous aurez qui aimeront à saisir tout au courant pour causer de tout sans embarras; ceux-ci s'occuperont plus des faits et des personnes que de l'utilité de l'enquête, se jetant dans des généralités et des abstractions; ceux-là s'arrêteront devant l'utilité d'une réforme, parce qu'ils la déclareront impossible.

Chacun aura son parti; chaque parti aura ses chefs, et peu songeront à peser dans leur propre jugement ce qui aura été approuvé d'avance ou non approuvé par les coryphées de ces partis.

Au milieu de ces dispositions, comment essayer, sans appui, la publication de ce *Traité*, dont on ne peut suivre le but et les conséquences dans l'enchaînement des questions que je discute, qu'en s'appuyant sur les prévisions de l'expérience et les leçons ardues de la législation? Pour éviter les écarts d'imagination, je ne m'avance pas à pas qu'avec le cortège de la raison, ne pensant ni à flatter les passions ni à amuser l'esprit. Je ne cherche nullement à briller, mais à être utile.

Aussi éloigné des extrêmes qu'indépendant dans mon opinion, je pourrai paraître à la majeure partie des lecteurs comme un froid légiste, alors que la question ne sera considérée par beaucoup d'autres que comme rustique. Vous reconnaîtrez, Messieurs, que pour traiter un sujet qui intéresse *la France entière*, que pour se préparer aux luttes qui vont avoir lieu, tout ce qui peut apparaître même sous un faux jour doit être étudié par vous.

Je vous livre cet essai, produit de profitables recherches, de faciles applications, et je confie à vos lumières les vues et les développements fondamentaux sur lesquels, d'après moi, doivent faire base et pivoter toutes les solennelles discussions qui vont décider du sort de l'agriculture confié à votre intelligence et à votre patriotisme.

Paul BONNET.

Nègrepelisse, ce 5 mai 1866.

EXPOSÉ DE CE TRAITÉ.

Nous ne savons si nous nous faisons illusion, mais il nous paraît que, dans le moment présent, de très-graves devoirs sont imposés, en France, aux hommes de droite raison et de cœur qui veulent, en dépeignant la détresse agricole, faire opérer la plus grande des réformes, que les besoins de la société exigent impérieusement.

J'admets bien que le mal n'est pas aussi aigu qu'on le dit; cependant, tout ce qui se voit et s'entend de nos jours laisse dans les esprits réfléchis de fâcheuses impressions.

Le tempéramment de la société française est démocratique, et cependant les progrès économiques de notre époque laissent immensément à désirer sous ce rapport : que me fait à moi la rapidité de l'organisme démocratique dans la politique, si je ne trouve pas cette même rapidité dans l'organisme fiscal? que me fait un 1789 politique, si je n'en ai pas un autre dans l'égalité des impôts ? L'homme est-il plus libre quand sa propriété sera continuellement écrasée? Est-ce que la fortune d'un peuple mérite moins de parcours dans la gravitation de nos lois vers l'égalité, que ses droits politiques ?

Eh bien ! il faut l'avouer avec franchise, la presse, les orateurs, nos députés ont tout fait pour que les principes politiques de 1789 soient maintenus; mais ils ne se sont jamais sérieusement occupés avec la même ardeur des principes qui régissent nos lois fiscales. Il ne suffit pas que le citoyen soit égal devant la loi, il faut qu'il le soit devant l'impôt. A quoi bon affirmer la liberté politique d'un côté, lorsque de l'autre vous avez l'inégalité dans le paiement des charges; c'est une regrettable habitude que de ne s'occuper que de nos premiers droits, sans songer sérieusement à imprimer une correction réelle à nos seconds. Ce sont des anomalies, des incohérences, des négligences insouciantes, que je vais faire ressortir avec modération, mais avec le ton et la dignité qui, seuls, peuvent donner crédit auprès du public et du Pouvoir.

Je prouverai que si les hommes sont égaux devant la loi, leur fortune ne l'est pas devant l'impôt, ne l'a jamais été, qu'elle doit le devenir.

Les vraies causes de la misère agricole, je le prouve plus bas, sont dans la distribution des impôts qui frappent le sol à coups redoublés, — dans l'intérêt que le cultivateur paie de 7 à 8 p. °/₀, alors qu'il n'en retire que 3 de la terre, — dans les inégalités choquantes de l'impôt foncier, — dans les lois sur l'enregistrement, — dans l'impôt du sang non indemnisé, — dans les migrations des ouvriers des campagnes dans les villes, — dans la loi sur la minorité, — dans celles sur l'expropriation, — dans le manque d'une caisse agricole et cantonale, qui permettrait aux cultivateurs de se délier de tous ces replis fiscaux qui les étreignent et les sucent comme un poulpe : voilà le mal.

Quand on a voulu argumenter sérieusement sur ces questions, les anciens gouvernements, pressés par de redoutables adversaires, ont échappé à l'attaque en reprochant aux réformateurs qu'ils ne soulevaient que des questions dangereuses. Plus avisé et bien plus dévoué surtout aux intérêts des masses, le gouvernement de Napoléon III a été au-devant de ces réformes sages et salutaires, s'élevant ainsi, à la face de l'Europe, à la hauteur d'une pensée qu'aucun autre gouvernement n'a jamais su atteindre.

Combien de cœurs brisés, combien de malheureux appellent une main puissante pour leur venir en aide dans les questions que je discute dans ce *Traité !*

C'est en entrant dans l'esprit de nos institutions, et en se pénétrant des besoins et de la justice due aux citoyens, qu'on peut arriver à une solution de la grande question que je traite, si délicate et si difficile.

Mais ce qu'il y a de certain, ce sont les souffrances et l'abandon de plus de 20 millions de personnes, qui réclament un soulagement et un appui. Aux grands maux les grands remèdes ; le grand remède est dans la pratique de l'égalité et de la justice devant l'impôt.

DES VRAIES CAUSES

DE

LA MISÈRE AGRICOLE.

J'ai pensé qu'il était utile d'ouvrir une sérieuse enquête sur l'état et les besoins de l'agriculture. Elle confirmera, j'en suis convaincu, les principes de liberté commerciale, offrira de précieux enseignements et facilitera l'étude des moyens propres, soit à soulager les souffrances locales, soit à réaliser des progrès nouveaux.

(Extrait du ***Discours de l'Empereur au Corps législatif***, 22 janvier 1866.)

Dégrever le sol de 200 millions, tel est le but de ce *Traité*, sans altérer les droits du Trésor.

PREMIÈRE PARTIE.

§ Ier.

Des véritables causes de la détresse agricole.

Beaucoup de personnes ne voient la cause de cette détresse que dans la baisse des denrées provoquée par la suppression de l'échelle mobile ; ces personnes ne font pas attention que cette suppression ne s'attache qu'à une situation temporaire, et que la cause vraie est ailleurs. Oui, la suppression de l'échelle mobile peut entraîner de fâcheuses conséquences, en ce sens que les blés étrangers viennent faire concurrence à nos blés ; mais, je le répète, cette circonstance ne saurait provoquer les malheurs de l'agriculture qu'autant que leur entrée renverserait l'équilibre de production et de valeur. Ainsi, je suppose que l'année 1865, qui a donné 95 millions d'hectolitres, n'en eût produit que 50 à 60 millions ; dans cette hypothèse, l'hectolitre devrait être de 27 à 28 fr. Le propriétaire, en ayant moins, les vendrait davantage; dans un cas pareil, l'entrée des blés étrangers en trop grande quantité tuerait le propriétaire : c'est la seule situation nuisible; nous avons eu d'autres moments où le prix des blés n'était pas plus élevé, et les alarmes actuelles n'étaient pas telles.

Mais il faut avouer aussi que le tempérament français a, depuis trente ans, subi une transformation complète sous le rapport de l'économie sociale.

Tout le monde semble avoir oublié que la morale est la base de la société, et qu'il n'y a plus de morale dès le moment où le luxe déborde partout. Nos lois actuelles, relatives et changeantes, ne peuvent modérer cet entraînement. Le luxe n'est que l'amour-propre déguisé; la piété a été remplacée par la pitié, qui n'est que le châtiment de notre orgueil. Quand on soulageait un malheureux on éprouvait une satisfaction dans le cœur, aujourd'hui on ne paraît préoccupé et attendri que de l'avilissement dans lequel le luxe entraîne tant de familles. La vertu et les larmes de certains pères n'ont même pas été un espoir pour arracher les leurs à la frénésie du luxe ; que vouloir espérer d'une génération qui ne connaît d'autre entraînement que celui que provoque l'orgueil !

Cicéron a dit : « La raison est un attribut essentiel « de l'intelligence divine, et cette raison qui est en Dieu « détermine ce qui est vice ou vertu. »

Ainsi donc, je me propose de prouver que la misère qui dévore une grande partie de la société, même agricole, est un peu aussi dans cet oubli de la raison.

Ensuite, dans l'organisme de nos lois fiscales, et nullement dans la législation de 1860, que l'on a tant attaquée, — enfin dans la non-création d'une banque agricole cantonale.

§ Ier.

Des impôts.

Le propriétaire (et ici je ne parle que des petits et moyens, qui forment l'immense majorité), ne peut plus vivre en travaillant.

Je prends pour exemple celui qui a un bien de 10,000 fr.; ce bien lui rapporte tout au plus 400 francs.

Voyons ce qu'il paie d'impôts.

1° Une cote personnelle...........	1f	80c
2° Prestations pour lui.............	2	»
3° Id. pour son bétail..........	4	35
4° Id. pour ses charrettes.......	1	»
5° Mobilière.......................	10	»
6° Impôt foncier...................	50	»
7° Centimes additionnels (moyenne)...	5	»
A reporter.........	74f	15c

A reporter.....	74^f^ 15^c^
8° Droits d'enregistrement par an (sur une moyenne de 10 ans)...............	10 »
9° Journaliers ou ouvriers..........	20 »
10° Réparations, ustensiles, vétérinaire, etc.........................	30 »
Total..............	134^f^ 15^c^

Revenu................	400^f^ »
Impôts ou charges inhérentes au sol.....................	134 15
Reste pour le propriétaire..	265^f^ 85^c^

Si je compare à cette propriété rurale une maison de même valeur, je trouve que cette dernière ne paie qu'une somme insignifiante pour le sol et ses portes et fenêtres, pouvant s'élever (en prenant pour exemple les maisons urbaines de ma commune), à une moyenne de 30 à 40 fr.; différence : 100 fr. Je possède une maison dont le loyer me rapporte 400 fr., et elle ne paie que 32 fr. 31 c. d'impôts; la propriété rurale est donc écrasée, comparativement à la propriété urbaine; les établissements et maisons servant au commerce ou à l'industrie, les usines, ne sont nullement en rapport avec l'impôt sur le revenu par rapport aux propriétés rurales; ce serait une réforme à opérer sur ce point.

Si ce propriétaire de 10,000 fr. a des créances passives, le voilà réduit à la misère, vu qu'il paie de 7 à 8 p. °/₀, alors que sa terre ne lui donne que 3 p. °/₀;

et ici il se produit cette injustice d'inégalité devant l'impôt, c'est que le capitaliste-créancier ne paie pas un centime sur le revenu de ces capitaux prêtés au propriétaire.

Ce qui s'applique au propriétaire de 10,000 fr. frappe de même celui de 20,000, de 30,000 fr., ainsi que ceux qui ont une position intermédiaire.

Ainsi donc, celui qui place 10,000 fr. perçoit 500 fr., ce qui fait une différence de 235 fr. avec la même somme immobilisée. Dans une période de dix ans, le propriétaire est ruiné ; le capitaliste, au contraire, s'enrichit ; le premier paie dans ces dix ans au Trésor de 1,300 à 1,400 fr., le second *rien*.

Voilà une des premières causes du mal qui dévore nos campagnes.

Dans le *Traité* que je viens de publier, en février 1866, sur la réforme des lois sur l'enregistrement, je prouve que le sol pourrait être dégrevé (au moins) de 25 millions; que le Trésor pourrait, par des moyens que j'ai indiqués, trouver un bénéfice de 40 millions, qui devraient profiter au dégrèvement du sol pour autant. Si donc, par une nouvelle loi, on pouvait, par des moyens que je signalerai, le dégrever de 60 millions de plus, cela ferait 100 millions qui soulageraient sérieusement la propriété foncière ; et comme cette propriété paie 500 millions, ce serait un allégement d'un cinquième, ce qui ferait déjà plus de 1 million par département.

Cette situation mérite à tous égards l'attention du gouvernement et la sympathie publique.

Mais quel moyen prendrez-vous, me dira-t-on, pour arriver à ce résultat ?

§ III.

Des actions commerciales, etc.

Ici, je ne me dissimule ni le péril ni la difficulté de l'entreprise, mais je vais greffer mes appréciations sur la raison et la justice.

Je demanderai d'abord en vertu de quel privilége l'*argent* est affranchi d'un impôt sur le revenu, alors qu'aux termes de l'art. 57 de la loi du 3 frimaire an VII, la *terre* en est frappée?

Que l'on m'oppose une raison légale, sérieuse, je me rendrai; mais je ne considérerai jamais comme acceptables les arguments qu'on fait valoir, pris de l'impossibilité où l'on serait de saisir ce capital, ou bien celui qui consiste à dire : c'est du socialisme ; mais, prenez-y garde ! N'est-ce pas du socialisme aussi, quand vous créez un impôt sur le revenu d'un bien ?

Je sais qu'on ne peut saisir le capital comme un immeuble, mais enfin on peut le saisir.

Ainsi, aux termes de l'art. 14 de la loi des 5 et 14 juin 1850, les titres ou certificats d'actions dans une société, compagnie ou entreprise financière, commerciale ou industrielle ou civile, ne sont assujettis qu'au timbre proportionnel de 50 c. p. °/₀ si la durée est de dix ans, et à 1 p. °/₀ si la durée est au-dessus.

L'art. 15 de la même loi dispense ces mêmes actions de tout paiement de droit si on les cède.

Ce même article s'applique aussi aux mêmes valeurs qui

intéressent les départements, communes, établissements publics et compagnies dont la cession n'est pas soumise par rapport aux tiers à l'art. 1690 du Code Napoléon ; l'art. 22 permet même un abonnement.

Voilà donc des sommes immenses affranchies des droits de transmission pendant la vie des propriétaires, tandis qu'à côté nous voyons le débiteur, dans les créances ordinaires, payer un droit de transmission sur les sommes cédées si l'exigibilité est arrivée, et, dans le cas contraire, c'est le créancier. Toujours est-il que les sommes prêtées devant notaire paient un droit de cession, lorsque toutes les actions ci-dessus en sont affranchies.

Si l'on appliquait à ces actions le principe qui frappe les sommes ordinaires, on ne ferait qu'un premier pas vers l'égalité de l'argent devant l'impôt.

Ainsi donc, on pourrait saisir facilement ces valeurs pour le droit de cession comme on les saisit pour l'autre droit proportionnel de 50 c. ou de 1 p. °/$_0$ du timbre. Ce dernier droit est bien, en fait, un impôt sur le revenu de ces actions ; mais ce que je demande, c'est qu'elles soient frappées du droit de cession comme les sommes d'argent qu'on prête et qu'on transmet. Cela permettrait de dégrever le sol d'autant, et le chiffre en serait immense.

§ IV.

Du capital prêté.

La difficulté ne consiste pas à le frapper, mais à savoir qui du débiteur ou du créancier paiera ce droit sur le revenu.

Le 22 avril 1848, le gouvernement provisoire avait

mis un droit de 1 p. °/₀ sur les sommes hypothécaires ainsi que sur les créances privilégiées ; mais le 12 août 1848 l'Assemblée nationale le dissout : en effet, ce n'était pas le moment de créer de nouveaux impôts ; d'un autre côté, il frappait plutôt le débiteur que le capitaliste.

Pour créer un impôt sur le revenu du capital mobilier, il faudrait procéder différemment.

D'abord, en refondant la loi du 3 septembre 1807, et ensuite en prenant un mode sûr pour que le capitaliste seul payât et non le pauvre débiteur.

Pour cela, il faudrait supprimer les art. 1 et 2 de cette loi, et ne porter l'intérêt qu'à 4 p. °/₀, sous peine d'usure.

Du moment où le revenu du sol ne rapporte guère que 3 p. °/₀, le revenu des capitaux devrait être diminué ; ce serait un soulagement de 50 à 55 millions sur la dette hypothécaire.

J'estime que cette réforme, avec celle sur les droits d'enregistrement, dégrèverait le sol de 70 à 80 millions, qu'un droit sur les valeurs mobilières compenserait aisément.

Si nous passons sur le terrain des contributions indirectes, ne pourrait-on pas opérer aussi sur cette loi de 1816 et sur certaines de ses dispositions ultérieures des réformes ou des adjonctions?

Ainsi, par exemple, n'est-il pas injuste que la vente des denrées de luxe ne produise aucune différence avec celles qui sont nécessaires?

Est-ce bien moral que d'imposer un vin ordinaire ou demi-vin comme un vin de Bordeaux ou autre? Ne devrait-on pas dans les ventes établir un droit proportionnel *ad valorem?*

Est-ce moral que d'assister à cette consommation effrayante de liqueurs? à cette ascension pernicieuse des débits de boissons?

Imposez rigoureusement ces objets de luxe et souvent de débauche, et vous rendrez un service à la société et au sol.

Croit-on que la contribution somptueuse, telle qu'elle existait par les lois de 1791 et de l'an VII, abrogées le 24 avril 1806, ne fut pas une loi en rapport avec notre organisme politique? Pour ma part, je le crois, et j'appelle de tous mes vœux le moment où une loi fiscale, parfaitement élucidée, frapperait une foule de choses, comme les billards par exemple; on avait créé un impôt sur les voitures, et on n'a pas songé à en créer un sur les objets de plaisir. Qu'on compte les billards qu'il y a en France, et l'on verra la somme qu'ils rapporteront avec un impôt de 15 fr. par an : des millions.

Ce serait un impôt sur le délassement qui n'empêcherait pas un joueur de s'y récréer, et pas un chef d'établissement n'en supprimerait un seul.

Qu'on ne se le dissimule pas, tout vient de la répartition; il faut un budget, mais pour le combler frappez un peu partout : que le sol, qui est obéré, soit à la fin secouru; vous frappez les choses nécessaires, pourquoi ne pas frapper celles qui ne le sont pas?

J'ose présumer que s'il y a quelque chose de clair, c'est la chaîne du raisonnement. Dans la question qui nous occupe, nous avons l'avantage de n'avoir point de mots à torturer, point de termes obscurs, point de sarcasmes d'incrédulité ; ce que je demande sera également démandé par tout le monde ; ma doctrine n'a point son siége dans la tête, mais dans le cœur ; toutefois, elle a ses secrets d'appréciations : c'est une vérité fondamentale de nos institutions que je signale ; les moyens que j'indique plus bas me paraissent aussi simples que justes ; je n'aime guère d'appareil scientifique dans une loi d'égalité.

Ainsi donc, comment récuser les faits que je signale ? Est-il vrai, oui ou non, que le revenu de la terre est imposé et que le revenu de l'argent ne l'est pas ?

Est-il juste que ce dernier revenu ne paie pas un centime, alors que le sol paie chaque année l'impôt foncier ?

Est-il juste que ce même argent rapporte 5 p. °/₀ , alors que le sol n'en rapporte que 3 ?

Ainsi, voilà qu'en vertu de la loi du 3 frimaire an VII, la terre n'a qu'un revenu de 3 p. °/₀, et en vertu de celle de 1807, elle est obligée d'en payer 5 ; n'est-ce pas une injuste contradiction ? grâce à la loi du 22 frimaire an VII, à celles qui régissent le notariat, le sol paie encore 3 p. °/₀ de plus pour emprunts ; total 8 p. °/₀ ; préjudice, 5 p. °/₀.

Voilà encore qu'à chaque nouvelle cession de créance, le débiteur paie un nouveau droit, et les propriétaires des actions ci-dessus signalées en sont entièrement affranchis.

Plus bas, j'exposerai la situation des familles devant d'autres impôts, et on verra que ces lois qui nous régissent ne sont pas le type de ce que 1789 nous avait promis.

Daunou a dit : *Que la meilleure constitution est celle que l'on a, pourvu qu'on s'en serve.*

Celle qui nous régit est basée sur les principes de 1789, et depuis cette époque pas une occasion pareille de l'utiliser au service du pays ne s'est présentée pour les *hommes éminents* qui vont être appelés à diriger cette grande enquête.

Je ne formerai qu'un simple vœu, le voici :

Je leur dirai :

« Vous allez vous trouver en présence d'opinions contraires; d'un côté, des hommes qui ont les croyances du passé et que l'on accuse de résistance, d'immobilité, de n'avoir rien appris ni rien oublié; de l'autre, des croyances qui ont foi dans l'avenir, et qui, marchant avec le gouvernement de Napoléon III, ont mûri ces paroles si vraies et si profondes : « Marchez à la tête des idées de « votre siècle, elles vous soutiennent; marchez contre « elles, elles vous renversent. »

« Au milieu de cette compétition de principes, vous ne devez avoir qu'une pensée : le *Prince* et la *France*. — Cette question, que l'Europe contemple, n'est ni ne doit être politique. Marchez avec les idées de l'opinion, mais n'allez pas au-delà. Songez que vous aurez la confiance d'un grand peuple, qui ne peut être heureux et puissant que par le respect de la liberté de toutes les croyances.

« Au milieu de tous les naufrages des monarchies et des républiques, les principes de 1789 seuls n'ont point sombré. La liberté d'opinion et de conscience doivent seules être maintenues. Plus les exigences de l'opinion grandissent, plus on doit les respecter.

« Écoutez sans arrière-pensée les conseils des uns et des autres, car on ne s'engage pas en vain avec l'opinion publique, qui remporte toujours la dernière victoire. »

§ V.

La suppression de l'échelle mobile est-elle nécessaire ?

J'ai déjà dit que je ne considérais pas cette suppression comme la vraie cause de la détresse agricole. La législation de 1860 ne pourra évidemment être appréciée à sa juste valeur que dans des moments de crise ou de disette ; mais, grâces à Dieu, depuis cette époque nous n'avons pas eu à éprouver ces malheurs ; attendons.

Pour ma part, je crois nécessaire cette suppression, ne serait-ce, je le répète, que pour nous épargner la famine ; elle était aussi nécessaire, aujourd'hui surtout que, par suite des vitesses et des rapports multipliés, il n'y a plus de frontières. Si quelque nation privilégiée, comme l'Angleterre, par exemple, qui a des comptoirs partout, a un plus grand avantage, est-ce à dire que la France n'en a pas ? Et puis, il ne faut pas perdre de vue que le blé n'est pas la seule production qui doive intéresser les gouvernements : on doit se prémunir plutôt contre la famine que contre l'abondance ; l'exemple de 1847 est encore là.

Du reste, les progrès de l'exportation prouvent l'avantage de la liberté commerciale, et nous savons qu'en janvier et février 1866 cette valeur d'exportation a été de

198 millions, tandis qu'en 1865 elle n'a été qu'à 92 millions; en 1861 l'exportation a été de 295 millions, et en 1865 de 397 millions; et l'importation de 338 millions s'est élevée, seulement en 1865, à 380 millions.

Ainsi donc la liberté commerciale, qui embrasse toutes les productions, prouve par ces chiffres ses avantages réels.

D'après les tableaux publiés au *Moniteur* du mois de mars dernier, la production du froment pour la France entière, de 1861 à 1865, a été :

En 1861, de.......	75,116,287	hectolitres.
— 1862, —	99,292,224	—
— 1863, —	116,781,794	—
— 1864, —	111,274,018	—
— 1865, —	95,431,028	—

Et le relevé des prix moyens annuels de l'hectolitre de froment, par région, a été :

RÉGIONS.	1861	1862	1863	1864	1865
	fr c.	fr. c.	fr. c.	fr. c.	fr. c.
Nord...... ...	25 21	22 52	19 17	17 32	17 06
Nord-Est......	23 65	22 56	19 43	16 92	15 82
Ouest.........	25 34	22 52	18 38	16 19	14 99
Centre..	24 09	21 98	18 59	16 53	14 94
Est.	23 78	22 67	19 88	17 44	16 16
Sud-Ouest.....	25 39	24 95	20 47	18 »	16 72
Sud..........	24 04	23 91	20 49	18 31	17 32
Sud-Est.	24 50	24 95	22 39	19 91	18 97
Corse.........	24 46	22 52	21 23	19 36	19 30
Nord-Ouest....	25 13	23 25	18 82	17 21	16 16
Prix moyen de la France..	24 55	23 24	19 78	17 58	16 41

C'est donc ici le moment de m'occuper de cette grande question, à savoir si la France peut se suffire à elle-même, et si la suppression de l'échelle mobile a été justifiée par des nécessités.

Jadis, par suite des anciennes lois économiques, la France était tantôt débordée de céréales ou réduite à la misère.

Ainsi, en 1550 le blé était si abondant que le sétier de Paris, pesant 120 kilogrammes environ, ne valait que vingt sous ; mais à la vérité tout était au meilleur marché dans la consommation. Les perdreaux et levrauts se vendaient six deniers, les souliers cinq sous, puis quand la disette arrivait tout était hors de prix.

En 1789, la production totale du pays était en moyenne de 168 millions de quintaux *poids de marc,* dont 113 millions servant à la nourriture des hommes : il y avait alors 24,600,000 habitants, ce qui faisait pour chaque individu 1 hectolitre 3/4 environ *poids actuel.* Aujourd'hui la consommation par individu serait de 2 hectolitres et 3/5 environ.

Les importations qui, en 1861, étaient de 10,272,314 quintaux, se sont progressivement abaissées en 1865 à 265,620.

Les exportations qui étaient, en 1861, de 922,585 ont monté en 1865 à 3,582,836; à la vérité, les quintaux de farine ont été convertis en quintaux de grains.

Ce qu'il y a de certain, c'est que, depuis les réformes et les traités, le produit des douanes s'est élevé, de 1859 à 1865, dans une proportion considérable.

N'importe le plus ou moins de perfectibilité dans le domaine des faits relatifs au principe de la liberté commerciale, on ne pourra jamais faire passer d'un état à l'autre l'abondance sans perturbation. Je ne puis m'étendre sur la nature de cette question, que les économistes envisagent chacun à leur point de vue, et que l'illustre Turgot a soutenue pour faire triompher le principe de liberté commerciale, moins heureux que Robert Peel, qui a vaincu toutes les résistances et attaché son nom à l'une des plus belles réformes de l'ordre actuel des sociétés modernes.

Ainsi donc, je partage la manière de voir de M. Rouher, je crois, qui a dit : « Il vaut mieux se prémunir contre « la disette que contre l'abondance. »

Du reste, le principe de la liberté commerciale ne peut produire de résultats sérieux et sûrs qu'à la longue. Renversons la situation et supposons une, deux, trois années de disette? Qu'adviendrait-il? Je préfère un peu de gêne momentanée, à l'éventualité d'une catastrophe.

Ainsi donc le blé a atteint, en 1861, le prix de 24 fr. 55 c. par hectolitre, en 1862 celui de 23 fr. 24 c., en 1863 celui de 19 fr. 78, en 1864 celui de 17 fr. 58 c. et en 1865 celui de 16 fr. 41 c.

On voit que la diminution est continue; mais il ne faut pas perdre de vue qu'en 1861 la production n'a été que de 75,116,287 hectolitres, tandis qu'en 1863 et 1864 elle a été de 112 à 117 millions environ ; que dès-lors l'abondance n'a pas peu contribué à la diminution du prix.

Il faut aussi tenir pour constant qu'en 1865 l'abondance ayant produit 95 millions et demi d'hectolitres, ce qui fait, par individu, près de 3 hectolitres, on ne pouvait guère s'attendre à une élévation de prix; mais cette différence de prix n'est pas de nature à porter dans l'agriculture la perturbation qui la frappe, cause de perturbation qu'il faut aller chercher ailleurs.

Comme ce n'est que par des exemples qu'on fait saisir ses idées, je vais procéder ainsi :

L'immense majorité des cultivateurs se compose de propriétaires de 1,000 à 20,000 francs.

Le propriétaire qui a un bien de cette dernière valeur ensemence 8 hectolitres et en récolte en moyenne 60; reste : 52.

Je mets le prix de l'hectolitre à 18 fr. pour ne pas accuser la suppression de l'échelle mobile d'être la cause de la gêne agricole, et je trouve un revenu de 936 francs.

Nous voici aux charges.

Impôts directs, moyenne	100f	»
Cote mobilière	10	»
Portes-et-fenêtres	6	»
Réparations aux outils, vétérinaire, etc	20	»
Prestations en nature	10	»
Ouvriers, domestiques ou autres salariés	200	»
Total	346f	»

Reste donc pour le propriétaire, de quitte, 580 fr. sur un bien de 20,000 fr. ; je lui suppose un bénéfice de 100 fr. par an sur les bestiaux ; total : 690 fr., et je raisonne, comme on le voit, dans la meilleure des situations, car je ne parle pas des droits d'enregistrement qui peuvent surgir.

Ainsi donc, la vraie cause de la misère agricole n'est pas dans la suppression de l'échelle mobile, puisque en raisonnant sur la majorité de ceux qui ont à vendre de 1 à 20 hectolitres on trouverait, à 2 p. °/₀ de perte, de 2 à 40 fr. sur le revenu.

La vraie cause est, comme je l'ai déjà dit, dans les charges et non dans la suppression de l'échelle mobile, puisque je porte le prix du blé à 18 francs.

Elle est bien plus, il faut le dire, dans l'état de propriétaire *non cultivateur* ; il est évident que le petit propriétaire, qui peut cultiver et récolter tout seul, a une position bien plus belle que celui qui fait cultiver.

Ainsi nous venons de voir que le propriétaire d'un bien de 20,000 fr. a 346 fr. de charges, celui d'un bien de 10,000 fr. qu'il cultive *seul* n'en aura que 84 au plus au lieu de 173 ; différence : 89 francs.

Elle est encore dans l'inégalité devant l'impôt entre les propriétés urbaines et rurales.

Prenez une maison dans les petites villes surtout, puisque je ne parle que des petits propriétaires; qu'y verronsnous ?

Ici je parle par assimilation réelle.

J'ai une maison qui me rapporte, à Nègrepelisse, 350 fr. de revenu; je pourrais affermer le restant 50 fr.

au moins; total : 400 fr. par an ; elle ne paie pas plus de 32 fr. 31 c. d'impôts.

Ainsi, voilà une propriété urbaine qui me donne le revenu d'une propriété rurale de 12,000 fr. et qui ne paie que 32 fr. 31 c. d'impôts, tandis que l'autre en paie près de 140 fr. avec ses accessoires.

Cette situation de revenus des propriétés urbaines, à part quelques exceptions, est partout la même : le revenu est imposé à 50 p. °/₀ au-dessous de celui de la propriété rurale. Ce serait donc une nouvelle base d'impôts à déterminer, et c'est ici que j'appelle toute l'attention du lecteur.

Nous voyons qu'un bien de 10,000 fr. paie d'impôts ou charges 134 fr. 15 c., qu'une maison de même valeur n'en paie que 32 fr. 31 c., et que le capital ne paie rien.

Ainsi donc, si la base de l'impôt foncier établit 100 fr. par 20,000 fr., il en résulte que trois valeurs de 30,000 fr. devraient donner 150 fr.; dans l'espèce, nous voyons que le fisc perçoit cette somme sur les immeubles et non sur l'argent ; une juste répartition réduirait la terre de plus d'un tiers, ce qui serait très-avantageux ; est-il juste, en effet, que dans l'exemple ci-dessus les immeubles paient sur 20,000 fr. 160 fr. 46 c. d'impôts ou de charges environ, et que le capital soit mis à l'oubli ?

Si l'on appelle cela de l'égalité j'avoue que mon intelligence est en défaut.

Mais, dira-t-on, il faut compter la non location, soit ; mais il faut compter aussi avec la grêle ou les gelées dans les campagnes.

Si l'on poursuivait ce mode de perception, on arriverait à dégrever considérablement le sol ; en effet, sur un bien de 100,000 fr. le Trésor perçoit près de 500 fr. ; si la distribution se faisait entre le mobilier et les immeubles, il y aurait, sur les 500 millions d'impôts que paie la propriété immobilière, une différence du tiers en sa faveur de 166 à 170 millions; si à cette somme j'ajoute les 40 millions dont j'ai parlé dans la question d'enregistrement, on arriverait par cette double réforme de lois des 3 et 22 frimaire an VII, à dégrever la propriété immobilière de 200 millions au moins, et les populations agricoles profiteraient ainsi, et par ce seul moyen, d'un dégrèvement immense, sans que cela altérât en rien les droits du Trésor, qui soumettrait les valeurs mobilières et les capitaux à l'impôt; ce serait un 1789 contre le capital.

Ce qui nous écrase, c'est l'impôt qui est permanent et *annuel* sur nos revenus, sans compter celui des transmissions, donations et successions.

C'est sur ce point, aussi facile dans son exécution que celui qui nous régit, que j'appelle l'attention des économistes et la sollicitude du gouvernement : tout est là.

Une réforme complète des lois ci-dessus de frimaire est nécessaire : un ébranlement dans les esprits la provoque, la justice la réclame au nom de l'égalité des choses devant l'impôt, comme celle des personnes devant la loi ; on a pu faire disparaître l'inégalité des castes et des priviléges, et l'on ne pourrait pas détruire cette même inégalité devant le fisc!

Est-ce que ce 1789 fiscal n'est pas aussi nécessaire que le 1789 politique ?

N'entendez-vous pas partout le gémissement des campagnes ? Ne voyez-vous pas la détresse agricole, et à côté la fortune mobilière qui se développe sans que cette dernière contribue aux charges publiques ?

Nous aurons cette réforme, quand les campagnes, soulevées comme un géant lassé, auront exposé leurs plaintes et leurs droits au gouvernement par l'enquête ; nous l'aurons, quand les hommes qui approfondissent les choses seront entendus; nous l'aurons, quand la France choisira des députés qui feront beaucoup moins de bruit sur les questions politiques et qui, comprenant que le règne de l'égalité fiscale est arrivé, s'occuperont de cette question vitale pour nous; nous l'aurons, quand Celui qui a dit *que ses amis étaient sous le chaume*, sera enfin éclairé, parce qu'il ordonnera à coup sûr que l'on exécute dans l'ordre fiscal ce qui se fait dans l'ordre civil : l'égalité; parce qu'il comprendra que les lois de l'an VII et de 1850 n'ont plus de raison d'être aujourd'hui, et que le sol ne doit pas à lui seul supporter le grand fardeau des charges publiques, car le sol paie et pour lui et pour l'argent. Oui, l'Empereur saura que de pareils priviléges ne peuvent plus exister et se trouver abrités sous des lois pareilles; quand il n'y a plus de castes *sociales* il ne doit plus y avoir de castes *fiscales ;* c'est plus qu'une injustice, c'est une outrage au grand principe de 1789, que la Constitution a proclamé et que la France entière proclame.

§ VI.

En effet, si nous jettons un coup d'œil sur cette loi du 3 frimaire an VII, nous verrons que l'art. 2 est déjà une lettre-morte.

Que l'art. 3 n'est plus qu'une chimère ; car, grâce au développement des impôts depuis cette époque, il y a des moments où presque rien ne reste au propriétaire.

Si nous passons à l'art. 8, nous pouvons affirmer que la répartition est des plus imparfaites.

Ainsi donc cette loi doit être réformée, parce qu'elle n'est plus en rapport avec nos besoins et nos intérêts ; la propriété s'est morcelée à l'infini : il faut prendre le scalpel de la réforme et rappeler cette loi à une nouvelle vie; il faut disséquer aussi sur les capitaux et créer une fusion entre l'argent et l'argile.

Mais c'est du socialisme, dira-t-on. C'est un impôt sur le revenu? — Et qu'est-ce que l'art. 57 de cette loi du 3 frimaire an VII? N'est-ce pas un impôt sur le revenu aussi? Pourquoi y en a-t-il sur les immeubles, et n'y en aurait-il pas sur l'argent ou les valeurs?

En l'an VII, on ne voulait pas effrayer les capitalistes; mais, aujourd'hui, sommes-nous dans la même situation? Avons-nous la révolution au-dedans, la guerre au-dehors, la banqueroute à nos portes? Non ! Mais nous avons la misère agricole, et c'est à cause de cette misère qu'il faut que MM. les capitalistes viennent chrétiennement au secours des immeubles pour payer les impôts.

L'art. 78 est-il admissible ? Aujourd'hui que tout le monde sait que la vigne est ce qui rapporte le plus, et cependant c'est le terrain le moins imposé.

Ainsi donc, la réforme de cette loi qui écrase le sol est, de toutes celles qu'on discute, la plus urgente.

Si à côté de celle-là je signale quelques aperçus, que j'extrais de mon *Traité* sur les lois d'enregistrement (lois de frimaire an VII et juin 1850), je crois que le lecteur sera convaincu, comme moi, que j'ai mis le doigt *sur la plaie*.

Dans ce *Traité*, j'ai indiqué le seul moyen que l'on a d'empêcher cette fraude de dissimulation, qui porte un préjudice au fisc de 30 à 40 millions par an au moins, et je le prouve ainsi :

En 1860, 1861 et 1862, sur une moyenne de 485 actes, comme notaire, j'ai eu une moyenne de 145 ventes; dans ces trois années, j'ai versé à l'enregistrement 40,236 fr. 49 c., et sur cette somme les ventes ont produit 24,705 fr. 10 c. Si nous y ajoutons les droits de mutations ou de donations, j'arrive à plus de 30,000 fr., ce qui fait que le sol paie les 3/4 des impôts.

J'ai remarqué qu'on fraudait d'un tiers au moins sur la valeur (et les notaires sont impuissants pour l'éviter); comme sur mes calculs (voir mon *Traité*, page 15), j'ai prouvé que cette fraude s'élevait, par an, dans mon étude, à une moyenne de 2,700 à 3,000 fr., il en résulte que le fisc perd chaque année, grâce à l'art. 15 de la loi de frimaire an VII, de 30 à 40 millions sur tous les actes des notaires de France, et ici je suis même bien au-dessous de la vérité.

J'ai indiqué le moyen de parer à cette situation par la diminution des droits, et le fisc y gagnerait encore 40 centimes pour cent. (Voir pages 16 et suivantes.)

Passant à la transmission des biens, nous trouvons dans ces lois fiscales une différence inouïe entre le sol et l'argent.

Ainsi, un cultivateur a acheté un bien de 10,000 fr. : il paie 710 fr. 50 c. de droits.

Dans la même année, ce cultivateur meurt et donne tout à son neveu, qui repaie 748 fr. — Total : 1,458 fr. 50 c. en une année.

Nous voyons, à côté, celui qui a gardé les 10,000 fr., qui ne paie rien pendant sa vie, et son héritier ne donne au fisc, pour droit de mutation, que 747 fr. 50 c., en admettant même un placement authentique. — Différence au préjudice de la terre : 711 fr., c'est-à-dire le revenu de deux années.

Aussi, un propriétaire de 20,000 fr. est forcé d'abandonner, chaque quatre années, l'entier revenu d'une année.

En voici la preuve :

Il paie pour droits de mutation, quand il achète :

1° 1,200 fr. au moins : c'est donc 60 fr. de revenus chaque année de perdus sur le bien, ci....	60f	»
2° L'impôt foncier, etc., à 100 fr., ci...	100	»
Total................	160f	»
Ce qui fait, en quatre ans......	640f	»

Que rapporte le bien ? 700 fr. au plus ! Et ces mêmes 20,000 fr. placés, en quatre ans, donnent 4,000 fr., tandis que le cultivateur n'en touche que 2,160 fr ; différence : 1,840 fr., ou bien 460 fr. de perte par an. Quoi de plus navrant et de plus injuste !

Veut-on une nouvelle preuve de l'écrasement du sol ?

Je passe aux donations conformes à l'art. 1075 du Code Napoléon.

Un cultivateur a 3 enfants; son bien vaut 10,000 fr. ; premier droit à 1 p. % .... 100f »

Vente par les deux frères à leur frère aîné, héritier même du quart; droit à 4 p. % sur 5,000 fr.................. 200 »

Droit de partage.................. 5 »

Total.................. 305f »

Dixième.................. 30 50c

Total.................. 335f 50c

S'il n'y a pas d'héritiers, le droit s'élève à.................. 409f 42c

Si un seul vend, ce droit va à.................. 302 07

Moyenne des donations.................. 380f »

Le voisin donne sa fortune de 10,000 fr., qui est en argent, et il ne paie que 115 fr. 50 c.

Différence : 264 fr. 50 c. ; en y ajoutant l'impôt foncier, nous arrivons à 314 fr. 50 c.

Ainsi donc le sol est écrasé sous le fardeau de la fiscalité, et quand l'argent paie ce n'est que pour faire ressortir ses privilèges.

Aux pages 21 et suivantes je développe mon opinion pour faire disparaître cette inégalité.

Nous trouvons aux donations contractuelles la même injustice : un père qui donne à sa fille un bien de 10,000 fr., paie . . . . 316^{f} 25^{c}

Si cette valeur est en argent il ne paie que. 143 75

Différence au préjudice du sol. . . . 172^{f} 50^{c}

C'est donc 17 fr. 25 c. par mille que paie de plus la terre. Sur la première donation il y a une perte de 31 fr. 45 c. par mille, ce qui fait que sur ces deux donations il y a inégalité de 48 fr. 70 c. par mille, c'est-à-dire près du revenu, à 5 p. °/o, d'une année.

Eh bien! je le demande avec une profonde conviction, n'est-ce pas là la principale cause de la misère agricole? Cet état de choses peut-il durer? Non, ou alors il faut désespérer de tout.

Si je signale les autres charges résultant des décès, ne trouverons-nous pas encore des choses qui attristent?

La valeur du bien délaissé se paie sans *distraction* de charges.

De telle sorte, qu'un père qui laisse un bien de 30,000 fr., sur lequel il doit, soit à des tiers, soit à sa femme (et ce par titres publics), la somme de 20,000 fr., ses héritiers doivent payer sur 30,000 fr. Est-ce juste, au moins pour les reprises de la femme? Non, car si cette dernière vient à mourir dans l'année ou après, il faut encore payer sur ces mêmes reprises; c'est donc

deux fois de suite que le fisc écrase le sol ; en effet, l'h
ritier paie : 1° une première fois, sur ces 30,000 fr
330 fr. ; 2° lorsque sa mère meurt, si ces reprises so
de 20,000 fr., il repaie 220 fr. ; total : 550 francs.

Et celui qui laisse sa succession en mobilier ne pa
qu'une fois, même seulement sur les objets signalés a
fisc par actes ou simple déclaration.

Nous trouvons encore les traces de la même inégali
dans les donations contractuelles entre époux qui vont
4 fr. 50 c., tandis que par testament elles ne s'élève
qu'à 3 fr. D'où vient cette différence dans la même cau
et les mêmes personnes?

La femme mariée sous le régime dotal est donc forc
de payer le droit de succession sur ce que lui donne so
mari, et celle qui est mariée sous le régime de la com
munauté et sous le bénéfice de l'art. 1525 du Co
Napoléon ne paie rien, quand bien même la part q
lui laisse son mari s'élèverait à 100,000 francs.

Retoucher le système de toutes ces transmission
serait alléger le sol.

Créer de nouveaux droits sur les baux des propriét
urbaines, tels que je les signale pages 34, 35, etc
serait aussi un acte de justice. Que de millions ne ra
portent pas les maisons de Paris, Marseille, Lyon, etc
et cependant, grâce aux baux verbaux ou sous signatu
privée, le revenu de ces immeubles échappe au fisc p
millions et millions.

Les baux à ferme sur timbre proportionnel, qu'ils fu
sent authentiques ou sous-seing privé, auraient po

résultat d'élever de moitié les cotes mobilières et les patentes.

Du moment où ces baux seraient obligatoires, tout locataire ou industriel étant forcé de représenter le prix de son bail, aurait par ce seul fait sa valeur locative légalement déterminée, et tout le monde comprendra aisément combien de millions rendraient au fisc les propriétés urbaines en sus de ce qu'elles donnent.

Indépendamment de cet avantage, il y aurait aussi celui de procéder à coup sûr, et l'on ne verrait pas tant de réclamations portées devant les conseils de préfecture.

Cotes mobilières et patentes seraient alors l'expression de la vérité; et comme, en définitive, les millions donnés au Trésor, par ce procédé simple et facile dans son exécution, seraient basés sur la légalité et la justice, personne ne pourrait s'en plaindre; le locataire donnerait moins de la maison qu'il occuperait, et le nivellement de l'impôt entre le sol et les maisons se faisant ainsi, le premier pourrait être dégrevé, par cette combinaison, de 40 à 50 millons.

Est-il juste que lorsque un citoyen ou industriel des grandes villes occupe un loyer de 1,000, 2,000, 4,000, 10,000, 30,000 fr. et au-dessus, sa cote mobilière et sa patente soient fixées sur une valeur locative de moitié?

Ce n'est donc que par un remaniement de nos lois fiscales que l'on soulagera les cultivateurs, et ceci me remet en mémoire la fable du *Cheval et l'Ane*, de Lafontaine; qu'on en redoute la morale, car, je le proclame hautement et sans hésitation, si cet état de choses dure encore vingt ans, les campagnes ne pourront plus payer les impôts.

N'y a-t-il pas, en effet, de quoi frémir quand on pénètre par le calcul et qu'on songe que les droits de transmission, soit par donation entre-vifs ou par décès, *pris dans leur ensemble général,* tels que les détermine et les classe la loi du 18 mai 1850 entre tous les degrés de parenté et entre étrangers, donnent au Trésor 86 fr. 25 c. p. °/₀ sur les meubles, et 94 fr. 25 c. p. °/₀ sur les immeubles.

Total général : 180 fr. 50 c., ce qui fait une moyenne de 90 fr. 25 c. p. °/₀ sur tous les degrés et sur toutes les transmissions; mais, comme on ne peut cumuler, il faut en défalquer 34 fr. 50 c., montant des mutations par décès si les biens ont été transmis *entre-vifs*; reste donc que ces mutations reviennent à 55 fr. 75 c. p. °/₀, et comme il doit y avoir, d'après mes calculs, plus de 3 millions de transmissions entre-vifs ou testamentaires, il en résulte qu'en moins de 20 ans le fisc absorbe à peu près les deux dixièmes de la valeur du sol. L'impôt foncier et les autres charges absorbent les trois dixièmes, ce qui revient à la moitié de la valeur. Les hypothèques et autres misères qui surgissent prennent au moins le revenu de deux autres dixièmes, et les ventes judiciaires ou expropriations forcées arrivent, à un moment donné, pour prendre le restant; de telle sorte, qu'en 20 ans une propriété est dévorée par tous ces suçoirs.

La législation de 1860 est donc étrangère à cette détresse.

La question la plus sérieuse et la plus productive est celle des sous-seings privés.

J'estime que le fisc perd, chaque année, de 70 à 80 millions, grâce à l'existence légale de ces actes si dangereux pour la société. Il est inouï que la loi prenne des mesures de sûreté publique pour certaines choses et qu'elle tolère l'acte le plus nuisible pour les familles et le plus utile auxiliaire que les gens de mauvaise foi puissent invoquer.

Ainsi donc, préjudice immense aux familles, préjudice non moins immense au fisc, voilà la valeur des sous-seings privés. Est-ce que ces 70 ou 80 millions qui rentreraient par la suppression, ou du moins par la fixation de la durée légale de ces actes *à un an*, ne serviraient pas à dégrever d'autant l'impôt foncier? car enfin ceux qui fraudent ainsi font supporter les conséquences de leurs actes à ceux qui ne fraudent pas, et serait-il moral que le gouvernement pût tolérer davantage une pareille contrebande, et maintenir ainsi une arme qui nuit à tant de familles.

Ainsi donc, je crois avoir prouvé et démontré que la réforme des lois de frimaire an VII et 5 juin 1850 aurait pour résultat de dégrever la propriété foncière de 200 millions sans préjudicier au fisc, qui se retrouverait facilement : 1° par l'impôt sur le revenu du capital mobilier; 2° par l'abolition de l'art. 15 de la loi ci-dessus, qui rapporterait plus de 40 à 50 millions; 3° par l'abolition des sous-seings privés qui rapporterait de 70 à 80 millions; 4° par la création d'un droit sur les baux à ferme et loyer des maisons de grandes villes qui, au centième denier, donneraient, par les calculs que j'ai faits dans mon *Traité*, plus de 50 millions.

Alors oui, mais alors seulement, nous aurons un grand allégement au profit du sol.

Mais ce n'est pas tout. Il y a aussi d'autres questions d'un ordre moins élevé, mais qui ne se rattachent pas moins à l'agriculture, et que je vais examiner.

Je veux parler :

1° De l'impôt du sang ;

2° Des migrations des ouvriers dans les villes ;

3° De la différence entre le revenu du sol et celui de l'argent ;

4° De la création d'une banque agricole et cantonale ;

5° De la minorité ;

6° De la loi du 2 juin 1841 sur les expropriations.

Je serai très-court sur chacun de ces paragraphes, parce que je ne connais rien de plus sûr que la ligne droite, qui est celle de la justice.

De moins discutable que la clarté.

De plus acceptable que ce que l'on offre au nom de l'humanité et de la raison.

DEUXIÈME PARTIE.

§ Ier.

De l'impôt du sang.

J'avoue que cet impôt, quoique en opposition formelle avec nos principes de 1789, qui ont aboli tous les priviléges, présente de profondes réflexions, mais d'attendrissement : c'est déjà quelque chose.

En effet, celui qui a 2,100 fr. de disponibles peut se faire exonérer du sort; le pauvre diable qui ne les a pas doit donner son sang pour 7 ans ; c'est toujours l'argent qui sauve.

Sur les 100,000 hommes que demande l'État, il y en a bien 80,000 appartenant aux campagnes. Comme ce n'est qu'une moitié qui part, c'est 40,000 hommes enlevés à l'agriculture chaque année, ce qui, dans les 7 ans, fait 280,000 hommes; de ce chiffre, il faut en défalquer ceux qui, chaque année, obtiennent leur congé; mais à cause des morts ou autres empêchements, le nombre de 40,000 de partis se réduit à 30,000 qui rentrent; c'est donc, sauf erreur, 10,000 hommes par an que perd l'agriculture qui, réunis aux 40,000 que le sort appelle, forment un total de 50,000 cultivateurs qui nous font défaut chaque année.

Voilà donc 50,000 familles obligées d'aller chercher un aide pour remplacer le fils de la maison, et cet aide est d'autant plus onéreux qu'il y a manque de bras ; c'est une ruine pour le cultivateur, car il ne nourrissait que son fils ; au domestique qui le remplace, il faut lui donner au moins 100 fr. en sus de la nourriture. Que de sueurs et de misères pour payer ces 100 francs !

A cela que faire? Supprimer l'exonération et rendre chaque Français obligé au service militaire.

Mais ici je me trouve en présence d'une utopie contre laquelle s'élèveront et les familles riches et l'État; aussi je me contente de porter le remède ailleurs, et le voici :

Pourquoi l'État, pendant que le soldat est sous les drapeaux, ne donnerait-il une indemnité de 300 fr., payable en 3 ans au père de famille ; avec cette somme, on aiderait beaucoup ce malheureux, obligé de payer un étranger pour remplacer son fils. Est-il juste que lorsque ce dernier donne son sang, son malheureux père paie encore un tiers pour l'aider au travail. Cet impôt du sang est, je le répète, une des principales causes de la misère et de la ruine d'une quantité innombrable de familles.

Et que serait-ce pour l'État? En admettant le nombre à 40,000 (car je déclasse ceux de la réserve), ce serait 4 millions par an ; quel argent mieux dépensé que celui-là, plus justement donné ; je le répète, en agissant différemment vous arrachez à une famille, non-seulement le bonheur de posséder son fils, mais encore l'espérance de le revoir ; vous lui causez une ruine imminente, tandis que, par le moyen que j'indique, vous lui rendez tout : le bonheur, l'espérance et la vie.

Et puis, si ce fils a la chance de rentrer au foyer paternel, il cherche alors la maison où il est né, le champ où tout jeune il passait ses jeunes années, son père et sa mère, et il voit quelquefois que le bien a été vendu, parce que son père n'a pu y vivre ; il trouve souvent sa mère ou son père morts de chagrin ou de misère, et ce pauvre soldat, qui a donné les plus beaux jours de sa vie à sa patrie, rentre le désespoir au cœur.

N'y a-t-il pas encore une chose choquante dans la loi sur le recrutement? Comment! le fils aîné de veuve est exonéré au *moment* du tirage, et si dans l'intervalle du tirage à la révision, ou pendant son service, le père du conscrit meurt, il est obligé de partir et de rester sous les drapeaux.

C'est alors que la ruine de la maison est imminente, car la veuve, privée de son mari et de son fils, ne peut plus cultiver qu'avec des étrangers ou sortir de la métairie où elle est placée, et vivre de misère. Quand le père est perclus, le soldat a une chance d'être conservé comme soutien de famille; mais ce n'est pas un droit, car, quand ils sont plusieurs, on choisit.

Ah ! qu'on ne croie pas que la question que je traite soit de peu de valeur : c'est une de celles qui méritent la plus vive sollicitude du gouvernement et du pays.

En effet, voyez ces cultivateurs : ils n'ont qu'un bien de 1,000 à 3,000 fr. ; leur fils tombe au sort; l'exonérer est impossible : il faut qu'il parte ; mais il faut un aide à cette famille, et le payer.

Il ne faut pas perdre de vue que, dans les campagnes, le fils est un soutien et non une charge, et la preuve c'est que, s'il manque, il faut le remplacer. Il y a en per nence, sous les drapeaux, près de 300 mille soldats ap tenant aux campagnes, c'est donc 300 mille fami d'atteintes dans une moyenne de 4 à 7 ans. Ainsi de en donnant une indemnité de 100 fr. par an pend 3 ans, cela ferait, sur 40,000 conscrits qui partent : 4 lions la première année, 8 millions la seconde, 12 mill la troisième, et cette indemnité serait toujours mainte à ce chiffre ; et de toutes les charges de l'État, cell serait la plus morale comme la plus juste.

Les nations ont des moments solennels, desquels doit profiter.

Je suis convaincu que la France entière applaud à cette réforme, et que de toutes les dépenses celle 12 millions pour les pauvres pères des conscrits sera plus nationale.

Ainsi voilà une cause de misère agricole pour plu 40,000 familles que je signale avec le remède.

§ II.

Des migrations.

Il y a encore les migrations des ouvriers des cha dans les villes ; ici point de remède, car c'est la prov tion de *l'intérêt et de l'agrément.*

Mais ne pourrait-on pas enrayer les causes de ces grations ? Ne sont-elles pas dans les grands travaux les compagnies et l'État font pour l'embellissement villes, et ne voit-on pas qu'indépendamment des som immenses que ces grands travaux nous coûtent, ils pour résultat d'attirer l'homme des champs qui gagne trois fois plus, et qui croit trouver une jouissance réelle dans cette nouvelle vie qu'il commence sans la connaître et qui ne vaut certainement pas, au point de vue de son bonheur, la vie de la chaumière ou du hameau ; car ils vont quitter, pour quelques pièces d'argent de plus, leur famille et la tranquillité des champs pour se jeter dans une vie où ils n'ont le plus souvent ni satisfaction morale ni économie. Ainsi, à notre point de vue, si les centaines de millions que l'État dépense pour l'art et l'industrie et pour les embellissements des villes et reconstructions parfois inutiles d'une foule de monuments, étaient *également partagés* avec l'agriculture, avec intelligence et discrétion, on ne verrait peut-être pas autant d'ouvriers qui vont chercher dans les villes ce que la campagne leur refuse.

Le propriétaire peut-il, dans la situation des choses, faire dans ses biens des réparations ou constructions d'agrément ? Peut-il même faire le nécessaire ? A ces deux questions on m'a déjà répondu d'avance.

Et pourquoi ? D'abord parce que les charges l'accablent, ensuite parce que ses denrées ne se vendent pas, enfin parce que les journées des cultivateurs ont presque doublé depuis 20 ans ! Comment, dès-lors, pouvoir se maintenir, quand d'un côté vous avez l'augmentation des salaires, et de l'autre l'augmentation des charges.

§ III.

De la différence entre l'intérêt de l'argent et le reve[illegible] de la terre.

Il y a encore, pour nous, une autre cause de ce[illegible] misère agricole, c'est le manque d'argent, la multiplic[illegible] des remboursements et le taux de l'intérêt comparé [illegible] revenu du sol.

Qu'un cultivateur emprunte, il lui est impossible de [illegible] libérer s'il n'hérite pas ou s'il ne vend pas; tel est son so[illegible]

Sur un bien de 4,000 fr. il trouvera 1,000 fr. tout [illegible] plus, et il paiera pour intérêts........... 50f

Pour frais d'obligation, etc............ 40

Total dans un an.................. 90f

Près de 10 p. °/o ; son bien lui donnera pour [illegible] 1,000 fr. 30 fr. ; perte : 60 fr. dans l'année. Si [illegible] bout d'une année ou de deux au plus son créancier v[illegible] être payé, il faut faire une cession qui coûte autres 40 f[illegible] et ainsi de suite, nous verrons ce malheureux payer p[illegible] de 10 p. °/o dans peu d'années : il est perdu. En remont[illegible] à de plus aisés, nous tomberons dans la même situati[illegible] et bien heureux encore s'ils ne sont pas pressurés [illegible] l'usure.

S'ils sont forcés de vendre, on profite de leur positi[illegible] et si leur petit avoir est convoité, l'expropriation est [illegible] car j'ai remarqué, avec une profonde tristesse, que lors[illegible] un propriétaire est forcé de vendre, personne ne se [illegible] sente, et tous attendent le moment de l'expropriation p[illegible] acquérir.

Voilà, en très-peu de mots, le tableau fidèle de ce que nous voyons, car si MM. les curés sont les médecins des âmes, les notaires sont ceux de la détresse, et Dieu seul peut savoir quelles confessions de misère souvent un notaire reçoit. J'en connais qui ont sauvé plus de vingt familles d'une ruine imminente, et, chose horrible à dire, c'est que du moment où un malheureux est aux prises avec un créancier, tous les autres lui tombent dessus en même temps, de telle sorte que cet homme et sa famille sont perdus *sans un dévouement.*

Il faudrait donc parer à ces événements, qui ne se renouvellent que trop fréquemment ; par ce moyen, on ne viendrait pas seulement en aide à l'agriculture en lui donnant, à certains moments, un argent nécessaire, mais on sauverait chaque année plus de 40 à 50,000 familles de la misère et du désespoir.

Quel est ce moyen ?

C'est ce que je vais développer.

§ IV.

De la création d'une banque agricole cantonale.

De toutes les causes qui peuvent, au point de vue philanthropique, attirer la sympathie et la sollicitude du Pouvoir, c'est sans contredit celle qui doit avoir pour conséquence de sauver tant de milliers de familles de la ruine entière.

Et la chose me paraît si simple, que je ne m'en explique guère la non création.

Un cultivateur, qui a de 5 à 10,000 fr., de 10 à 20,000, et ainsi de suite jusques à 40,000, est ruiné dan 15 ans s'il doit le quart de son bien. Il est ruiné pa l'intérêt à 5 p. °/₀, alors que son bien ne lui en donn que 3 p. °/₀ ; il l'est par les frais d'actes, il l'est par l renouvellement ou les cessions de ses créances, par le impôts ; aux prises avec toutes ces charges, il n'a plu que l'usure à appeler à son aide, et le voilà perdu, ca l'usure est un poulpe social.

Quel est donc le moyen d'épargner tous ces maux ces millions de propriétaires ?

Je n'en connais qu'un :

C'est de leur faciliter le moyen de se procurer les fond dont ils ont besoin pour se débarrasser du fardeau qu les écrase.

Ce moyen serait dans la création d'une banque agri cole et cantonale.

Comment ! l'État qui consacre des centaines de million à tant de choses qui n'ont pas la même importance qu l'agriculture, ne pourrait pas, une fois pour toutes, prête 300 millions aux cultivateurs.

Nous avons, en France, près de 3,000 cantons ; si l'o créait une caisse cantonale, mais exclusivement consacré au service des *propriétés rurales,* ce serait, à 100,000 fr par canton, 300 millions.

Cette somme, par suite de combinaisons à examine et à réglementer, serait prêtée, pour 5 ans au moins, raison de 4 p °/₀, pour que tout le monde pût en profite à son tour, et par ce mode on éviterait aux débiteur les frais de cession, qui sont si lourds pour eux et qui les menacent chaque année.

Le Trésor, par suite des droits d'actes ou hypothèques, rentrerait aisément dans son 5 p. °/₀.

Un comité cantonal, composé de personnes honnêtes et fermes, serait juge du prêt, pourvu que le demandeur fût dans les conditions voulues; tous ceux qui paieraient le moins d'impôt foncier seraient les privilégiés au cas de trop de demandes. Un notaire désigné serait, dans chaque canton, l'intermédiaire entre l'État et le propriétaire, avec garantie de sa part pour les actes qu'il passerait; *seulement, quant aux inscriptions hypothécaires* qu'il serait forcé de prendre dans la quinzaine de la passation des actes, il serait chargé d'éclairer le comité sur la solidité des demandes de placements; par ce moyen, le Trésor n'aurait aucun frais à payer à ses mandataires.

Voilà en substance comment j'entends la caisse agricole.

Est-ce qu'il n'existe pas des comités de surveillance ou de direction pour des sommes mille fois plus importantes? Qu'est-ce que cela serait que le placement de 100,000 fr. par canton ? Combien de notaires n'ont-ils pas des sommes pareilles pour des clients ?

Ainsi, le travail de surveillance et de direction pourrait s'opérer sans entraves sérieuses, et le paiement des intérêts pourrait se faire de manière à ce que chaque débiteur les payât en octobre de chaque année.

Voilà tout le mystère de la création d'une banque agricole.

Quand la république romaine finissait au mont Aventin,

ses enfants mouraient avec joie pour elle, et quand ses limites atteignirent les Alpes et le Taurus ils ne l'aimèrent plus.

Il en est des développements des empires comme du développement des impôts ; créez alors une caisse agricole pour venir en aide à tant de millions de cultivateurs, si vous voulez qu'ils puissent vivre.

§ V.

De la minorité.

Une autre cause (mais celle-ci n'est qu'incidente) de la misère agricole, ce sont les procès et les expropriations, tels qu'il faut les subir; ce sont surtout les ventes par autorité de justice, les partages judiciaires.

Dans un *Traité*, que j'ai déjà publié sur la minorité, j'ai prouvé que la loi, tout en voulant favoriser le mineur, compromettait au contraire tous ses intérêts par les précautions légales que l'on prend.

J'ai cité alors pour exemple une famille de cultivateurs qui avait un bien de 20,000 fr. grevé de 5,000 fr. de dettes; ce cultivateur, qui avait 3 enfants, leur laissait 5,000 fr. à chacun, position assez bonne dans nos campagnes ; deux étaient mineurs.

Mais les entraves de la loi viennent briser ces existences.

Il a d'abord fallu faire un inventaire qui, avec l'apposition et levée des scellés, ainsi que la composition du conseil de famille, a déjà coûté une somme assez forte.

Dans le mois qui suit la clôture de l'inventaire, le tuteur fait vendre, en présence du subrogé-tuteur, aux enchères publiques, et ce par officiers publics, après affiches, publications, ordonnances, dont le procès-verbal de vente doit faire mention, tous les meubles que le conseil juge utile de vendre : nouveaux frais et perte considérable sur les meubles.

A présent, il faut payer les 5,000 fr. de dettes. Aucun tuteur ne peut emprunter ou hypothéquer pour le mineur sans y être autorisé par le conseil de famille, et cette autorisation ne peut être accordée que lorsqu'il y a avantage évident pour le mineur ou nécessité absolue ; mais il faut l'homologation du tribunal, et encore de nouveaux frais.

Pourquoi ces formalités si coûteuses? Pourquoi le conseil de famille seul, présidé par le juge de paix, ne serait-il pas le juge de ces questions? Que de temps épargné et d'argent conservé !

Et puis, est-ce qu'un majeur avec des mineurs peuvent procéder au partage amiable ? Non ; il faut aller encore devant le tribunal, et Dieu sait encore les frais que cela coûte.

Si vous ne pouvez partager vous ne pouvez pas vendre, même d'accord avec un tiers, qu'autant que la vente est judiciaire.

J'ai signalé ces abus alors, et j'indiquai le remède. Le remède n'a pas été appliqué ni aucun autre que je sache, et depuis j'ai vu bien des malheureux presque ruinés ou ruinés à fait.

Je dis que le conseil de famille, présidé par le juge de paix, devrait avoir qualité pour vendre à l'amiable le bien des mineurs ; en agissant ainsi, on liquiderait la position de ces derniers, on briserait toutes ces entraves onéreuses et sans garantie pour personne; car, remarquez qu'il n'y a pas seulement de compromis que les intérêts des mineurs, mais encore ceux des co-héritiers majeurs.

Et puis, pour le partage entre mineurs et majeurs, ne faut-il pas aussi des sommes considérables? L'art. 466 du Code Napoléon exige qu'il soit fait en justice et précédé d'une estimation par experts nommés par le tribunal, de telle sorte qu'au moindre incident qui surgit, la moitié de la valeur d'un bien de 2 à 3,000 fr. y passe.

Et c'est ce qu'on appelle favoriser le mineur.

Pourquoi encore le même conseil de famille ne pourrait-il pas, avec le juge de paix, présider aux opérations du partage? Est-ce que l'examen par ce conseil, l'approbation des lots, l'acceptation des attributions mobilières ou immobilières ne seraient pas en aussi bonnes mains? En résumé, quand un co-héritier a 21 ans, il peut partager à l'amiable, et le mineur, représenté par 5 à 6 personnes de plus de 21 ans, n'a pas ce même droit.

Oui, le conseil de famille devrait être le représentant direct du mineur, et en agissant pour son propre compte il devrait procéder avec toutes les conséquences de la majorité, sous la présidence du juge de paix.

Croit-on que ces éléments ne renfermeraient pas plus d'avantages pour les familles? car, enfin, ce serait 7 personnes examinant, pesant, appréciant tout pour le compte des mineurs.

Si du partage je passe aux transactions, pourquoi ne pas supprimer encore toutes ces formalités voulues par l'art. 467 du Code Napoléon ?

Est-ce que le conseil ne pourrait pas être mieux que le tribunal le juge appréciateur de la question litigieuse, et avoir seul qualité pour transiger.

Ainsi donc on devrait modifier les lois sur la minorité dans l'intérêt des milliers de familles que cette loi frappe, car de tutélaire qu'on a voulu la faire, elle est devenue désastreuse dans son application.

Et comme, en définitive, les frais de procédure sont pris *in bonis*, pour me servir de l'expression usitée, c'est le sol qui paie au Trésor des droits considérables.

Si, au contraire, la succession est purement mobilière, aucun de ces frais ni aucune de ces multiples formalités ne sont exigées ; ainsi, quand c'est le père ou la mère qui sont tuteurs, ils peuvent recevoir les capitaux mobiliers à eux seuls. Quand la tutelle est déférée par le conseil de famille, tout repose sur la garantie de ce tuteur, et la fortune du mineur est conservée.

Il y a dix ans que j'ai élevé la voix sur cette grande question, qui intéresse tant de cultivateurs, et depuis cette époque combien de familles n'ont-elles pas été ruinées, traînant dans la société la misère, souvent le déshonneur, escortés par le suicide ?

Et quand je vois tant de réformes sur des matières qui ne méritent certainement pas autant d'intérêt que celle de la minorité, je me demande en même temps si nous sommes réellement progressistes.

Ah ! c'est que les questions politiques, depuis quarante ans, absorbent l'imagination, et que par suite de cette tendance à ne viser qu'à briser tout ce qui porte entrave à la pensée, le Français consentirait vraiment à voir la dîme sur son bien, pourvu qu'il pût crier : Vive la liberté!

Le mineur s'occupera, de 18 à 21 ans, de politique et nullement de faire réformer le Code Napoléon, qui l'entrave et compromet ses intérêts.

Le majeur s'occupera beaucoup aussi des grandes questions politiques, discutera partout et toujours sur les affaires du jour, et ne pensera pas un moment à faire réformer les lois qui pèsent sur sa propriété.

§ VI.

Des expropriations.

Une autre cause non moins rattachée aux misères des agriculteurs, c'est l'expropriation forcée, telle qu'elle est établie par la loi du 2 juin 1841.

Je reconnais que, dans cette loi, on a pris toutes les précautions nécessaires pour garantir les formes légales de la dépossession; mais aussi que de frais inutiles !

Comme je ne m'occupe de cette question qu'au point de vue du rapport qu'elle a avec l'agriculture, je n'en ferai ressortir que les conséquences, tout en indiquant, à mon point de vue, les réformes que je crois utiles et faciles.

Ce que je tiens à établir, c'est qu'une expropriation faite contre un propriétaire qui a 10,000 fr. achève de le ruiner par les frais et la dépréciation du bien, malgré la soupape de la surenchère.

Ainsi, voilà un homme qui a un bien de 6,000 fr.; il en doit 2,000; il devrait lui en rester 4,000; il est exproprié, il ne lui reste plus rien.

Pour éviter l'expropriation, que faut-il? Du temps ou de l'argent; il n'y a donc que la caisse agricole qui puisse venir en aide à ces malheureux, en leur prêtant pour un délai de 5 ans, délai pendant lequel les débiteurs pourront aisément vendre sans avoir l'épéc aux reins.

Ainsi donc, l'établissement d'une caisse agricole ne serait seulement pas utile pour venir au secours des cultivateurs gênés momentanément : elle aurait un autre résultat non moins immense et moral, celui d'éviter une masse d'expropriations aux malheureux, qu'un créancier malveillant ou intéressé ou complice, avec quelque amateur de leurs biens, poursuit sans merci.

Je sais bien qu'il est fort difficile de fixer à l'avance le prix d'une propriété que l'on exproprie, car celui qui l'achète tâche de l'avoir au meilleur marché possible, sans se préoccuper des misères de l'exproprié. Je sais bien que la surenchère est là pour faire augmenter le bien d'un sixième; mais ce que je sais aussi, c'est que tout est fini pour le malheureux cultivateur, et qu'il n'a plus rien à espérer. J'ai vu des personnes faire de très-belles opérations sur des propriétés vendues par nécessité, et ne pas indemniser d'un sou le malheureux propriétaire.

Comment remédier à ces abus, qui font plus de mal que la suppression de l'échelle mobile?

1° Par la création de la banque agricole cantonale, qui seule peut mettre à l'abri de ces poulpes qu'on appelle *usuriers*, et qui rapprocherait l'intérêt du sol de celui de l'argent, en ne prêtant qu'à 4 p. °/₀ et en ne multipliant pas les cessions; qui mettrait à l'abri des expropriations ou autres poursuites par les longueurs des délais; qui permettraient au cultivateur de voir naître une occasion pour se libérer : héritage ou mariage de ses enfants ou vente volontaire.

2° Par la compétence étendue des juges de paix, devant lesquels se poursuivraient les partages ou ventes judiciaires au-dessous de 10,000 fr. Ce moyen aurait pour effet de procurer *sur les lieux mêmes* plus de concurrents. L'éloignement rend les acquéreurs plus rares, et alors l'exproprié se trouve aux prises avec l'abandon et l'isolement.

On éviterait des frais considérables, et la multiplicité du nombre des concurrents ferait élever le prix du bien exproprié, car un bien vendu au chef-lieu de canton y attirerait vingt acquéreurs pour un de ceux qui se rendent au chef-lieu d'arrondissement.

Une nouvelle loi sur la nature de ces questions aurait toute autre importance que celle de voir augmenter l'hectolitre de blé de 1 fr. ou 2 fr., puisqu'elle aurait pour résultat de sauver, chaque année, des milliers de familles de la honte, de la misère, souvent du déshonneur, quelquefois de la mort.

De l'ensemble général de mon *Traité*, je prouve ceci :

C'est que sur 24 millions de cultivateurs ou propriétaires, nous trouvons qu'ils paient :

1° L'impôt foncier, chaque année;

2° L'impôt d'enregistrement, souvent;

3° Celui des prestations ou autres, toujours;

4° L'impôt du sang, qui frappe 300 mille familles;

5° Qu'ils subissent la gêne, la misère, par suite des lois sur la minorité, sur les expropriations; qu'ils paient de 7 à 8 p. %, alors que le sol leur donne 3 p. %.

Et à côté, nous voyons les grandes valeurs industrielles et commerciales affranchies de tout impôt de transmission, si ce n'est à titre gratuit, affranchies aussi de tout autre impôt, à part celui du timbre.

Nous voyons les capitalistes prêter à 5 p. % aux propriétaires, alors que la terre ne donne à ceux-ci que 3 p. %.

Enfin, nous assistons au spectacle le plus inadmissible sous un gouvernement qui veut la justice et l'égalité, c'est-à-dire à l'exonération de l'impôt des capitaux immenses qui débordent partout, et qui sont affranchis d'un impôt sur le revenu, alors que la terre le paie chaque année.

C'est donc une réforme radicale de ces lois de frimaire an VII et mai 1850. C'est une nouvelle direction à imprimer aux lois sur la minorité, sur l'expropriation, sur le prêt de l'argent; c'est la création d'une banque agricole et cantonale dans les conditions plus haut déterminées.

Tout cela peut produire, et je l'ai prouvé, un dégrèvement en faveur du sol de plus de 200 millions sans altérer en rien les ressources publiques, puisqu'on les retrouverait ailleurs.

La réforme des lois sur la minorité entraînerait quelques préjudices à quelques officiers ministériels ; c'est une question d'indemnité pour le présent seulement, mais purement consciencieuse, car le gouvernement ne peut à l'avance aliéner ses droits et les intérêts généraux.

Je crois donc avoir prouvé que la cause de la misère agricole est dans nos lois fiscales et nullement dans la législation de 1860, et que pour rendre à un peuple si intelligent et si écrasé les droits qui lui sont dus, il faut réformer ces lois qui ne sont ni de notre temps ni dans nos aspirations.

La grande enquête doit être sérieuse, parce qu'un grand peuple attend son soulagement de ses résultats. Le gouvernement l'a provoquée, il la dirige, et toute liberté sera accordée, parce qu'elle seule signalera le mal.

Sans liberté, point de vérité.

ÉCHOS.

§ 1er.

Je termine ce *Traité* par une question qui n'a pas de rapport direct avec la crise agricole, mais qui néanmoins mérite une grave attention.

On semble ne plus adresser ses hommages qu'aux objets de luxe ; la société entière est attaquée de cette maladie, et l'on dirait que l'imbécilité des sens remplace les lueurs de la raison. C'est le triomphe de la folie et des fièvres délirantes; aussi que de désastres et de misères! On ne se règle plus sur ses revenus, mais bien sur ses passions. Qu'arrive-t-il? C'est que les familles s'affaiblissent en raison de l'accroissement des dépenses.

Le luxe produit la misère des classes pauvres; le luxe engendre la corruption parce qu'il enfante l'énervement du corps, il abâtardit l'esprit parce qu'il pervertit le cœur. L'histoire nous a prouvé que dès que le luxe pénètre chez un peuple les vertus en sont chassées.

De l'égalité des dépenses et des recettes résulte l'équilibre du budget, et l'excédant des premières sur les secondes constitue le déficit. C'est à cette égalité que le gouvernement devrait tendre, car il en est d'une nation comme d'une famille : le budget d'un pays est le *criterium* de sa puissance et de sa prospérité; aussi la question des finances d'un grand État doit se régler d'après les mêmes principes que les fortunes privées; des dépenses excessives mènent fatalement à la ruine; des dépenses modérées deviennent une source de richesses; les dépenses publiques devraient toujours avoir un but sérieux d'utilité publique.

Il faut cependant le dire et oser l'avouer, nos dépenses publiques auraient besoin d'un frein modérateur. A Dieu ne plaise que je veuille, pauvre profane, m'étendre sur une question pareille; mais tout le monde reconnaîtra avec moi que le traitement d'une foule considérable de fonctionnaires est bien disproportionné avec les services qu'on exige d'eux, tandis qu'au contraire le salaire du petit fonctionnaire ou employé est trop réduit.

Une réduction juste, raisonnable sur tous ceux qui ont des traitements au-dessus de 6,000 fr. produirait, en France, un concert de louanges. On ne comprend guère, en effet, que dans notre belle France, dans cette France de 1789, l'argent soit le mobile de nos aspirations. Est-ce que l'honneur de servir son pays n'est pas déjà une assez noble récompense, sans en faire pâlir le mérite par l'appât des gros traitements? Et quels seraient les salariés de l'Etat qui, en présence de la détresse nationale, ne souscriraient pas avec joie à l'allégement de notre budget? Quel serait le fonctionnaire qui voudrait perpétuer ce tableau douloureux que nous voyons, c'est-à-dire une masse considérable de citoyens recevant de l'État des traitements non moins considérables, et à côté 20 millions de cultivateurs qui souffrent pour payer l'impôt? Aucun!

Oui, j'ai la conviction que, dans cette lutte, tous les Français n'auront qu'un même cœur : que le capitaliste voudra payer sa part de charges ; que les hommes éminents qui dirigent le vaisseau de l'État donneront chacun, dans leur ministère, l'exemple des économies sur tous les chapitres du budget. Le temps des dépenses modérées est à la fin arrivé ; les dépenses excessives ne sont plus possibles; que tout soit fait à propos et avec un économique discernement ; que les regards de Celui que l'on peut appeler, sans flatterie, le vrai père de la nation, s'abaissent un moment sur nos besoins et nos détresses, et alors nous aurons ce qui nous manque : **L'ÉGALITÉ DEVANT L'IMPOT, ET L'AGRICULTURE SERA SAUVÉE!**

§ II.

La justice est gratuite en France, c'est-à-dire que les magistrats la rendent *gratuitement;* mais pour en arriver là il faut dépenser des sommes énormes, qui souvent ruinent le cultivateur.

Une simple contestation devant le juge de paix soumise à appel dévore quelquefois l'objet litigieux et, par suite, gêne et compromet la position du plaideur.

Un procès sur un droit de passage, de puisage, sur plantation de bornes ou toute autre action possessoire, coûtera 200 francs au moins.

Assignation, jugement interlocutoire et définitif, signification de l'appel, constitution d'avoué, frais de procédure et plaidoiries, voilà le cortège : le pauvre petit cultivateur perdra donc le revenu, en tout ou en partie, d'une année s'il perd un procès qu'il croit avoir le droit de soutenir.

Ici, je me permettrai une réflexion sérieuse que tout le monde se fait, sans attaquer, Dieu m'en préserve, le principe de nos lois sur l'irresponsabilité du magistrat.

Lorsque dans un procès soulevé devant le juge de paix, ce dernier décline sa compétence et renvoie les parties devant le tribunal, il arrive ceci : c'est que si le premier juge de paix a mal jugé et que la question fût de sa compétence, on casse son jugement et on renvoie devant un second juge de paix ; tout cela coûte 150 francs au moins.

Dans une situation pareille, ne pourrait-on pas trouver un moyen pour épargner cette somme au malheureux plaideur, qui devient victime d'une erreur du juge de paix, et qui est obligé de dépenser 150 francs pour se faire juger devant un second, car en ajoutant autres 150 francs aux premiers, nous arrivons à une somme de 300 francs que s'en fera celui qui croit avoir le droit de porter son action devant le juge de paix, et qui aura été rejetée par fausse interprétation ?

Il serait donc à désirer, pour ne pas rendre les justiciables responsables de l'erreur du premier magistrat, que tout procès porté en première instance, par suite d'une question de compétence *materiæ*, fût jugé sommairement, *sur mémoire*, comme en matière d'enregistrement.

Si de là nous étendons nos vues aux autres affaires en

premier ressort, nous verrons qu'une somme de 180 à 200 fr. est nécessaire pour faire juger un appel de justice de paix, et très-souvent l'objet, par sa nature, ne le vaut pas; pour beaucoup de procès tout n'est pas fini là, car s'il s'agit d'une action possessoire ou de servitudes, l'on a recours au petitoire, et le *procès recommence.*

Ainsi que je le dis plus haut, une réforme de la loi de 1838 serait nécessaire, et en voici la raison :

Par suite de cette loi, les juges de paix ne connaissent que jusques à 200 fr. pour toute action mobilière et personnelle. Tout ce qui est supérieur doit subir les préliminaires de la conciliation, et aller devant le tribunal civil.

De telle sorte, qu'en admettant une moyenne de 5 procès par an par canton *sur cette question,* nous trouvons que, sur 3,000 cantons, cela fait 15,000 procès pour des sommes de 200 à 1,500 fr. Dernier ressort des tribunaux civils : à 300 fr. chaque procès, nous avons un chiffre de 4,500,000 fr.; déplacement des plaideurs : 4 journées pour chacun, à 2 fr., y compris les voyages, 480,000 fr. Total : 4,980,000 fr.

Si de là nous passons aux appels des justices de paix, et en comptant une moyenne de 3 par canton, nous trouvons, à 200 fr. pour chaque appel, 1,800,000 fr. sur 9,000 appels. Frais de déplacement sur ce nombre, 108,000 fr. Total : 1,908,000 fr.

Total général : 1° 4,980,000 fr.
2° 1,908,000

6,888,000 fr.

Cette somme frappe sur 20,000 familles des campagnes, et ce dans une moyenne de 350 fr. par famille avec les procès en conciliation. Pour la plupart, c'est le revenu d'une année, leur gêne et leur ruine parfois; dans dix ans, plus de 100,000 familles sont victimes de ces lois.

Mais comment ferez-vous, dira-t-on, pour remédier à ce mal? A cela ma réponse est fort simple.

J'ai remarqué que plus on complique les lois, plus elles sont douteuses et ruineuses.

Pourquoi, d'abord, ne pas admettre *par mémoire*, comme en matière d'enregistrement, tous les appels des juges de paix, mais avec la comparution personnelle des parties devant le tribunal jusques à concurrence de la somme de 200 fr., dernier ressort des juges de paix?

Ensuite, élever la compétence de 100 fr. au taux des tribunaux de première instance, en brisant l'art. 48 du Code de procédure civile. Par ce moyen, on éviterait une foule de procès, et les garanties des justiciables seraient sauvegardées, puisque au-dessus de 100 fr. on aurait le droit d'aller en appel.

En effet, toutes les demandes personnelles et mobilières au-dessus de 200 fr. sont portées devant le juge de paix en conciliation, puis devant le tribunal, s'il y a lieu; qu'on ne perde pas de vue que la nature de ces demandes sont, le plus souvent, plus faciles à juger que celles de 100 fr., vu que, dans ces derniers cas, il n'y a presque jamais de preuves écrites, ce qui, au contraire, existe pour tout ce qui est au-dessus de 200 francs : alors celui qui se présente avec un titre de 300, 400, 500 fr., etc., aurait un intérêt immense à être jugé de suite et à peu de frais. Le bénéfice de l'appel permettrait toujours d'aller devant le tribunal qui en connaît jusques à 1,500 fr. en dernier ressort.

Tandis qu'au-dessus de 200 fr. il faut porter son action devant le tribunal, et dépenser de 200 à 300 fr. Ce moyen aurait encore un autre avantage : c'est, comme je l'ai déjà dit, de réduire beaucoup de procès en première instance, d'économiser des sommes énormes, alléger conséquemment plus de 30,000 familles par an, que les frais écrasent; il y aurait enfin deux degrés de juridiction, ce qui n'a pas lieu avec la loi actuelle, car, si les deux dégrès existent de 100 à 200 fr., ils devraient, *à fortiori*, exister de 200 à 1,500 fr. Eh bien ! c'est tout le contraire, et on assiste à une situation assez anormale, car celui qui aura un procès de 100 à 200 fr. a son recours en premier ressort, et celui qui l'aura de 201 à 1,500 fr. ne l'a qu'en cassation.

Vivant au milieu des campagnes, familiarisé avec toutes les contestations que les petits propriétaires peuvent avoir, je ne crains pas de dire que l'organisation actuelle de cette loi de 1838 froisse tous les besoins et les intérêts de ces populations quant aux appels, bien entendu, tels qu'on les pratique, et quant à la restriction en premier ressort de la compétence du juge de paix.

Il y aurait enfin un autre avantage pour le Trésor et pour les magistrats : c'est que par ce moyen on arriverait facilement à une réduction dans le personnel de beaucoup de tribunaux et à une augmentation de traitement pour les magistrats de canton et de première instance, qui ne sont pas rétribués comme ils devraient l'être ; ce système, en effet, réduirait considérablement les procès en première instance, ainsi que les frais.

Nous ne verrions pas alors tant de personnes qui n'osent réclamer justice à cause des frais, et l'on n'assisterait pas au spectacle le plus immoral, celui du triomphe du plus fort contre le plus faible. N'est-il pas, en effet, malheureux que pour avoir satisfaction pour une somme ou valeur de 100 à 200 fr., il faille dépenser cette somme? que pour avoir raison d'un voisin audacieux on soit obligé de supporter ses usurpations ou se voir exposé, dans d'autres circonstances, à dépenser de 4 à 500 fr. pour un procès dont le litige ne vaudra pas souvent 20 fr.? j'ai vu, il y a quelques années, un procès pour un arbre valant 15 fr., qui a coûté plus de 3,000 fr.

Je prétends que toutes ces réformes se rattacheraient directement à la *crise agricole;* car impôt foncier, emprunts, conscription, minorité, enregistrement, lois de procédure, partages et ventes judiciaires, enlacent chaque année des millions de familles.

Améliorez tout cela, donnez une autre vie à nos lois fiscales, et vous rendrez la vie aux campagnes, car d'ici à 20 ans elles n'auront plus à vous offrir que la faim et la misère.

Une modification à nos lois actuelles aurait pour résultat d'économiser les trois quarts de ces frais, et de venir en aide à la justice et à l'agriculture.

De minimis non curat pretor, disait-on à Rome.

Et vous, Messieurs de la Commission supérieure, vous direz, au contraire, à Paris : *De minimis curat pretor.*

Qu'on s'occupe de la vente des denrées, c'est bien; mais qu'on s'occupe aussi de modifier nos lois qui écrasent nos campagnes, *tout le mal est là.*

Et puis, si nous étendons nos regards aux tribunaux de première instance et à la cour impériale, nous trouvons les citoyens aux prises avec la fiscalité, et comme, en définitive, il faut aussi payer MM. les officiers ministériels et avocats, nous ne trouverons guère que des gens qui aient de quoi solder tous ces frais immenses qui puissent plaider.

Mais vous avez l'assistance, me dira-t-on? Oui! mais il faut l'obtenir, et puis vous êtes responsable des frais, car l'État n'en fait que l'avance. Je connais un cultivateur qui a demandé l'assistance judiciaire; on la lui a refusée au chef-lieu ; il en a référé au bureau supérieur, et ce bureau depuis trois ans ne lui a rien fait savoir.

Ainsi donc, la plus utile de toutes les réformes serait celle qui modifierait profondement les appels des juges de paix par le moyen que j'indique, tout en étendant d'un autre côté leur compétence sur les questions de la minorité et des ventes judiciaires plus haut décrites.

Que voulez-vous, en effet, que devienne un cultivateur, qui a un bien de 1,000 à 2,000 fr. et qui dépense 200 fr. pour soutenir un procès en appel? Très-souvent c'est le commencement de sa ruine! Et le nombre de ceux-là est plus grand qu'on ne pense.

Qui est-ce qui pourra dire que tout ce que je signale

n'intéresse pas *directement l'agriculture?* Qui est-ce qui osera soutenir que les lois de frimaire an VII, de 1807, celles sur la minorité, sur l'expropriation, sur les ventes judiciaires, celle de 1850, celle sur la compétence restreinte des juges de paix, sur la conscription, et surtout le manque d'une caisse agricole et cantonale, ne portent pas un préjudice cent fois plus serieux que la loi de 1860.

Dans une matière aussi vaste, chacun, selon son esprit et le point de vue qu'il adopte, peut présenter de nouveaux aperçus.

En recherchant les analogies, nos idées se reportent naturellement sur les diètes générales de nos ancêtres, sur leurs assemblées des Champs de Mars et de Mai, et sur ces chambres du tiers-état, si éloquemment rappelées dans nos chartes ; elles prouvent assez que la nation fut alors toujours comptée pour quelque chose dans la balance des pouvoirs.

Plus tard, les états-généraux furent ouverts, et l'histoire rapporte expressément que, dans les mémorables états-généraux qu'assembla Philippe-le-Bel, on vit apparaître les députés des villes et communautés, le tiers-état, les communes.

Dans de nouveaux états-généraux de 1355, on régla que nulle proposition ne serait admise *sans le concours unanime de tous les ordres*, et nous n'avons pas besoin d'ajouter que, dans les convocations faites au milieu des périls et des besoins les plus pressants, ce ne fut pas le tiers-état qui servit le moins bien les prérogatives de la couronne ; les corporations les plus modestes lui rendirent même les plus éclatants services.

Dans une ordonnance, résultat d'un arrêt du conseil du 5 juillet 1788, nous trouvons ces mémorables paroles, dictées sous les auspices de l'infortuné Louis XVI : « Sa « Majesté aperçoit plus que jamais le prix inestimable « du concours général des sentiments et des opinions : « elle veut y mettre sa force : elle veut y chercher son « bonheur, et elle secondera de sa puissance les efforts « de *tous ceux* qui, dirigés par un véritable esprit de « patriotisme, seront dignes d'être associés à ses inten- « tions bienfaisantes. »

Ainsi donc, S. M. Napoléon III et son gouvernement, pénétrés de ces mêmes idées, laisseront la plus grande liberté à ceux qui voudront, dans cette grande question nationale, exposer leurs vues et leurs sentiments.

Aux adversaires de la liberté commerciale, nous dirons ceci :

Vous prétendez que tout le mal est dans la suppression de l'échelle mobile; eh bien ! comment feriez-vous, s'il en était ainsi, pour concilier ce qui est inconciliable ?

L'intérêt de l'ouvrier sera opposé à celui du propriétaire; le propriétaire-cultivateur se trouvera dans d'autres conditions que le propriétaire-bourgeois; le fermier aura encore une situation différente ; les petits propriétaires qui se comptent par millions, et qui ne récoltent que pour eux seuls, seront fort peu préoccupés de la suppression de l'échelle mobile, tandis qu'à côté vous aurez les grands propriétaires qui en demanderont le rétablissement ; les départements qui ont peu de céréales seront en opposition avec ceux qui en ont trop ; celui qui aura du blé à acheter voudra le bon marché, celui qui le vendra voudra la cherté.

Et puis, tout n'est-il pas basé sur l'intelligence du propriétaire et sur son crédit pour le rapport de son bien.

Tandis qu'en ne considérant *que la terre*, et nullement *les propriétaires*, vu la variété de leur individualité et de leurs intérêts, vous arrivez forcément à la source du mal, et vous serez forcés de reconnaître, avec moi, que si les hommes sont libres et égaux, la terre, au contraire, est esclave du capital, et qu'elle supporte d'abord sa part de charges publiques, puis celles de ceux que couvrent certains privilèges, ce qui est un inqualifiable défi jeté aux principes de 1789.

Mais aussi, point de défaillances !

On entend dire que l'enquête n'aboutira à rien, que les choses resteront dans le *statu quo*.

Il est possible que l'enquête ne produira pas tout ce qu'on est en droit d'en attendre, parce qu'il y a des situations et des circonstances invincibles pour un moment donné ; mais je ne crains pas de dire hautement que je ne suis pas de ceux qui croient à une ironique exécution de la part d'un gouvernement qui porte si haut le drapeau de la France, et auquel amis et ennemis sont obligés de rendre justice.

Quand l'enquête a pour parrain l'Empereur Napoléon III et qu'elle intéresse plus de 20 millions de citoyens, soyons convaincus quelle produira quelque chose. Supposer le contraire, c'est n'avoir dans l'esprit ni espérance ni prévision; oui, je le dis avec autant de fermeté que d'indépendance (parce que je suis du nombre *de ceux* qui n'ont rien à demander au pouvoir, et qui, avant tout, n'hésitent pas à rendre à César ce qui est dû à César). Napoléon III a compris les tendances de son siècle, les besoins de la société moderne, même la grandeur et la force de la liberté, plus bornée à la vérité que celle que rêvent certains esprits, mais aussi moins stérile et infiniment moins funeste.

§ III.

Oui, comme je l'ai dit plus haut, sans liberté point de vérité; mais il faut s'entendre sur la portée de ce mot comme on s'entend sur la portée du bien qui, poussé à l'excès, devient le mal.

On entend par libéralisme le sentiment des hommes qui aiment à répandre les bienfaits, à venir en aide à leurs semblables; toute éducation libérale forme les hommes libres et les rend dignes de l'être. Le libéralisme c'est la démocratie, c'est le dévouement aux doctrines sensées et utiles de la révolution de 1789, c'est l'ennemi de la démagogie qui a le socialisme pour principe.

Despotisme, libéralisme, socialisme, voilà la trilogie qui se dispute le monde.

Le despotisme, personne n'en veut, car c'est le règne de la tyrannie, et le développement intellectuel de l'époque la repousse.

Le socialisme, qui est aussi la négation de la liberté,

est condamné par la raison et l'intérêt des peuples : c'est le despotisme d'en bas non moins redoutable que celui qui vient d'en haut.

Le libéralisme, au contraire, est conforme à la loi de nature et à la loi sociale.

En effet, prenez l'homme à sa naissance : dès que les premières lueurs de l'intelligence sont venues, alors surgissent les manifestations premières de ses caprices, parce que sa volonté hésitante, indécise, ne l'éclaire pas encore par les ressorts de la conscience. Tous ses sentiments, quand l'enfant devient à l'âge de raison, comparaissent devant son intelligence qui les apprécie, et ils tombent ou se redressent suivant l'éducation libérale qu'il a reçue. Arrive l'âge mûr, c'est-à-dire celui de la raison, qui n'est que le développement intellectuel élevé au degré supérieur, se pondérant avec la conscience.

Tout repose donc dans ce plateau mystérieux et de création divine qui renferme, d'un côté *la conscience,* de l'autre *la raison,* et qui, pour poids, doit avoir *la justice,* soutenu le tout par une sage *liberté.*

Alors nous n'aurons plus l'épée de Brennus à redouter, ni de *væ victis* à entendre.

Mais pour en arriver là, il faut subjuguer le matérialisme par l'instruction, car cette dernière est à la liberté ce que la pesanteur des corps est à la vitesse, et de même qu'un corps jeté dans l'espace y parcourt une vitesse en raison directe de sa pesanteur, de même l'instruction, répandue chez un peuple, y parcoura d'une vitesse égale tout ce qui peut tendre à consolider la liberté, telle que la raison et la conscience la conçoivent ; de même, enfin, qu'un corps plongé dans un liquide y perd un poids égal à celui du volume d'eau déplacé, de même un peuple plongé dans l'ignorance y perd, en civilisation, estime et puissance.

Oui, la vie des peuples est comme celle de l'homme. Qu'est un ignorant? Rien! Qu'est un homme instruit? Tout. Le premier, comme dans les âges primitifs, est à la merci du monde extérieur et dominé par tout ce qui l'entoure. Ses instincts ou passions peuvent bien être tempérés par l'instruction religieuse, mais il ne sera jamais qu'un ignorant, incapable de rien devenir, et vivant dans le sommeil de l'abrutissement, encloué dans la sphère de l'inertie.

Le second, au contraire, avec ses connaissances, son savoir, rayonnera partout et sera considéré.

Je dis donc que *l'instruction* est un des premiers *auxiliaires de l'agriculture,* qu'elle est dans l'ordre moral ce que l'argent pour elle est dans l'ordre matériel.

Si vous voulez alléger et développer l'agriculture, instruisez, dans les campagnes, ces masses profondes par un enseignement gratuit qui leur portera un rayon de savoir, afin d'assigner à chaque homme la certitude des connaissances nécessaires dans l'exercice de sa profession. Voyez, aujourd'hui que la diffusion des lumières s'opère partout, le bienfait de l'instruction : aux grandes villes le foyer, soit; mais aux campagnes quelques rayons de ce foyer, car le mal de l'état actuel est dans l'ignorance, qui mène à l'abrutissement.

Je soutiens, pour ma part, que l'appauvrissement de l'agriculture vient aussi de ce manque de lumières qui empêche le cultivateur de rien entreprendre; que voulez-vous que ces masses pauvres et ignorantes puissent innover en fait de progrès agricoles? Elles ne savent ni lire ni écrire, que voulez-vous qu'elles comprennent?

Et ici je ferai observer une chose qui a une portée immense, et que beaucoup de personnes remarqueront comme moi.

Que croit-on faire en envoyant un enfant pendant un, deux ou trois ans à l'école du village? Lui apprendre à peine à lire et à écrire, ce qu'il oublie bientôt, et voilà cet enfant qui, en présence de l'ignorance de son père, se laisse abuser par la vanité; il se croit trop savant pour suivre la routine agricole, et va grossir le nombre de ceux qui se jettent dans les villes.

Il faudrait que dans chaque école il y eût un cours d'agriculture pour les enfants ayant atteint la 16me année; qu'une personne capable fût chargée le dimanche matin de réunir ces enfants, et là, tout en leur expliquant *sur le terrain* les perfectionnements dont est susceptible l'agriculture, leur exposer les progrès de l'industrie, leur faire comprendre la diversité de la culture par la nature des terrains, leur donner des sujets à étudier, à tracer par écrit, les tenir en haleine, et qu'une récompense annuelle fût accordée aux plus méritants aux réunions des comices; une innovation pareille, facile dans son exécution, puisque le dimanche matin chacun va à sa paroisse, aurait pour résultat de répandre l'instruction dans les campagnes, tout en encourageant la jeunesse par quelque chose, comme, par exemple, l'exonération du sort de celui qui aurait remporté *trois premiers prix* dans les communes du canton, et, à défaut de celui-ci, à celui qui aurait remporté les seconds, si le premier ne part pas.

Sachez donc trouver ce qui vous manque (car un gouvernement ne se perpétue que par les bienfaits de la civilisation), c'est-à-dire l'inuniformité de l'instruction pour la rendre applicable à chaque variété de professions; qu'à part l'instruction élémentaire, chacun trouve une école de spécialité; que dès que le jeune homme sent vibrer dans son cœur la vocation où son âme l'appelle, il trouve des écoles de spécialité; que tout devienne professionnel pour lui. Du moment où en France on aurait 36,000 écoles d'agriculture, qui seraient le complément de l'instruction primaire, écoles dirigées hebdomadairement par un citoyen choisi dans chaque commune, que la protection morale du gouvernement appuierait, auxquelles on accorderait certains priviléges, dans un temps peu éloigné on verrait l'agriculture se développer, grandir, s'ennoblir.

J'ai terminé la tâche que je m'étais imposée; heureux si mes recherches et mes réflexions peuvent provoquer les méditations des bons esprits et des hommes sérieux sur les VRAIES CAUSES DE LA MISÈRE AGRICOLE.

Et Dieu veuille que ma voix, ainsi que je l'ai déjà dit dans mon *Traité* sur l'enregistrement, ne soit pas celle qui crie dans le désert :

Vox clamantis in deserto.